Nultiplications

Pour ma fille Scarlett

Loi numéro 49 956 du 16 juillet 1949 sur les publications
destinées à la jeunesse : août 2015
Dépôt légal : août 2015
Imprimé en France par Pollina à Luçon - L72706
ISBN 978-2-211-22429-1

Stephanie Blake

Nultiplications

l'école des loisirs

11, rue de Sèvres, Paris 6e

Ce matin, le maître dit :
« INTERROGATION
sur les tables de multiplication. »
Le maître interroge Ferdinand, il a 10/10.
Le maître interroge Lou, elle a 10/10.
Le maître interroge Mamadou, il a 10/10.
C'est au tour de Simon.
Lorsque le maître lui demande :
« 3 x 2 est égal à combien ? »
Simon répond :
« Mais enfin, cher maître,
vous ne connaissez pas
vos tables de multiplication ?
3 x 2 = 4, vous le savez bien ! »
Alors, TOUTE la classe
éclate de rire.
Ferdinand se moque
et dit :

«SIMON EST NUL!

Simon ne connaît pas
ses tables de multiplication!»

**À la récréation,
Ferdinand ne veut pas
jouer aux billes avec Simon.
Il lui dit :
« Si tu ne sais pas compter,
retourne chez les
BÉBÉS. »**

À la sortie de l'école,
lorsque papa demande :
« Qu'est-ce que tu as fait
de bien aujourd'hui ? »
Simon répond :
« **RIEN**,
l'école ça ne sert à rien. »

Au goûter,
lorsque maman demande :
« Qu'est-ce que tu as
comme devoirs pour demain ? »
Simon répond :
« DES CROTTES DE LAPIN ! »
« DÉ CLOTTES DE WAPIN »,
répète Gaspard.

Et lorsque papa lui dit :
« Simon, cesse d'être
désagréable ! »
il répond :
« Ce goûter est
ABOMINABLE ! »
Alors, maman l'emmène
dans sa chambre et dit :
« Quand tu seras calmé,
tu pourras finir ton goûter. »

**Simon donne
un coup de pied
dans son lit.
Simon donne
un coup de pied
dans sa poubelle.
Simon donne
un coup de pied
dans sa construction.
Simon n'est
PAS CONTENT
DU TOUT.**

Lorsque maman
entre dans la chambre
et le prend dans ses bras,
Simon dit tout bas :
« Je ne comprends RIEN
aux multiplications. »
« Simon, les multiplications,
c'est comme une récitation,
il faut juste les apprendre par cœur.
Ne te pose pas de questions ! »

Alors, Simon se met au travail.
Il lit et relit la table de 3,
mais il n'arrive pas
à l'apprendre par cœur.
«Je déteste les
NULTIPLICATIONS!»
«NULPLITICAPIONS!»
répète Gaspard.

3x0 = 0
3x1 = 3
3x2 = 6
3x2 =
3x2 = 6

Cette nuit-là,
Simon n'arrive pas à dormir.
Il devient fou
car il voit des chiffres partout.
Mais, tout à coup, Simon a
une **MÉGA GIGA TOP** idée.
Il prend son sac de billes.
Il fait 3 tas de 2 billes
et il commence à réfléchir…
« Trois fois… trois fois… »
Simon plisse le front et réfléchit encore :
« Alors, 2 billes : un-deux…
plus 2 billes : trois-quatre…
plus 2 billes : cinq-six…
Mais oui c'est ça !
2 + 2 + 2 = 6
3 x 2 = 6 !!!
C'est trop
FASTOCHE !!!! »

21
6
9
37
8
14
52
TROP FASTOCHE!

**Simon ne ferme pas
l'œil de la nuit.
Il apprend par cœur
les tables de**

1, 2, 3, 4, 5, 6, 7, 8 et 9.

Le lendemain matin,
Simon est **TRÈS** fatigué.
Mais, à la récréation,
Ferdinand, Mamadou, Sacha et Alban
jouent aux billes.
Simon va voir Ferdinand et lui dit :
« Je te parie que c'est moi
qui compte le plus vite ! »
« No problemo !
Je suis le plus fortichio ! »
répond Ferdinand.

Alban mélange toutes les billes
et forme deux tas distincts.
Il y en a vraiment
BEAUCOUP.
Mamadou donne le départ:
« Un, deux, trois,
PARTEZ ! »
Ferdinand compte très vite
son tas avec le doigt:
« Un, deux, trois, quatre, cinq… »
Simon forme 9 tas de 9 billes,
il réfléchit un petit moment…
et il dit:

«Si j'ai 9 tas de 9 billes,
ça fait : 9 x 9 = 81 !
J'AI 81 BILLES !
J'AI GAGNÉ !»
Lorsque Ferdinand
lui demande, abasourdi :
«Mais comment t'as fait
pour compter si vite ?»
Simon lui répond…

« Si tu ne sais pas
compter comme
SUPERLAPIN
en mode
SUPERSONIQUE,
je ne joue pas avec toi
CROTTE DE BIQUE ! »